水滴精灵的世界

生活每天都离不开我

吴普特　主编

科学普及出版社
·北　京·

图书在版编目（CIP）数据

水滴精灵的世界 . 生活每天都离不开我 / 吴普特主编 . -- 北京：科学普及出版社，2023.4

ISBN 978-7-110-10535-1

Ⅰ . ①水… Ⅱ . ①吴… Ⅲ . ①水—儿童读物 Ⅳ . ① P33-49

中国国家版本馆 CIP 数据核字（2023）第 030974 号

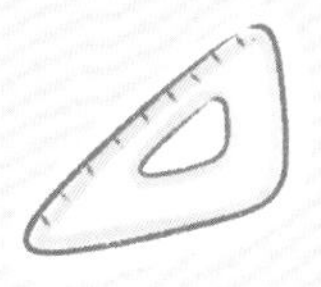

西西自从发现了水滴精灵，

就和这些小精灵一起学习，

一起运动，

一起吃好吃的，

成了形影不离的好朋友。

今天妈妈送给西西一双新鞋子，

西西好开心。

水滴精灵告诉西西：

鞋子里也藏着水滴精灵。

这太不可思议啦！

听说，公园里新建了一个运动场。

大家一起去活动一下吧！

啊……
我的作业写完了。

活动一下。

听说公园新建了
一个运动场。
让我们出去玩玩吧！
西西，吃饭了！

开饭啰!
好香呀！我饿了。
西西，慢一点吃。
嗝……嗝……

咚!
咚!
咚!

来啦!

你是西西吗?
是我的?

这是什么呀?

盒子里装着一双漂亮的运动鞋。

水滴精灵，我们走！

阳光洒在树叶上

一闪一闪地，

好像在跳舞。

公园的湖水里，

有鱼儿在游啊游，

就像小精灵一样。

西西快乐极了，

尽情享受着美丽的景色。

“嘿！西西！”

不远处响起了熟悉的声音。

他们是西西的朋友。

“你们也来了呀！”

西西兴奋地叫起来：

“咱们踢足球吧！”

“好呀！好呀！”

一时间，

四周充满了孩子们的欢笑声。

嘿嘿！

让你们瞧瞧我的球技！

嘿呀！

魔法来啰!
好神奇!

走喽！
来到了水滴精灵的世界。

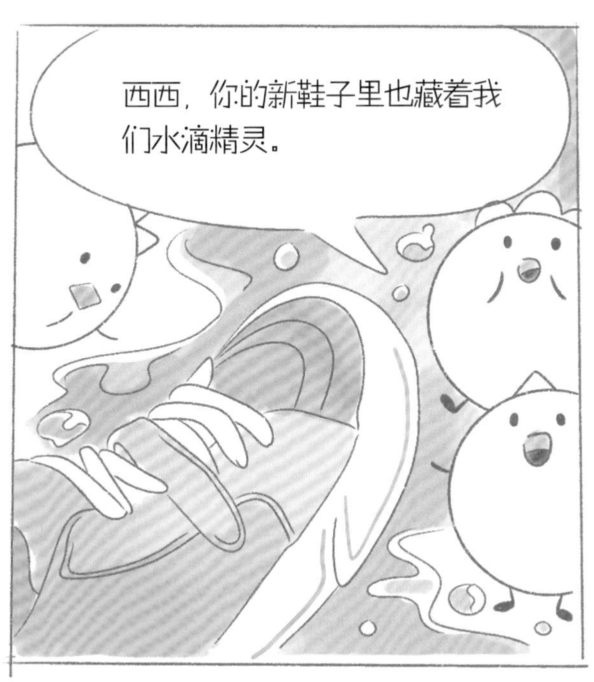
西西，你的新鞋子里也藏着我们水滴精灵。

怎么会？简直不可能。

鞋子里怎么会有水呢?

根本看不见呀。

西西，鞋子里当然有我们。

鞋由鞋底、鞋带和鞋面组成。

鞋底是橡胶的，

鞋带由棉线和棉花组成，

橡胶树和棉花长成都需要喝大量的水。

皮鞋的鞋面一般是由动物的皮革组成，

这些皮革来自猪、牛、羊等，

它们长大也要喝很多很多水，还要吃饲料。

所有这些材料以及制鞋过程，

都需要消耗大量的水……

小小的鞋子里有大奥秘!
哇!
橡胶弹弹的。

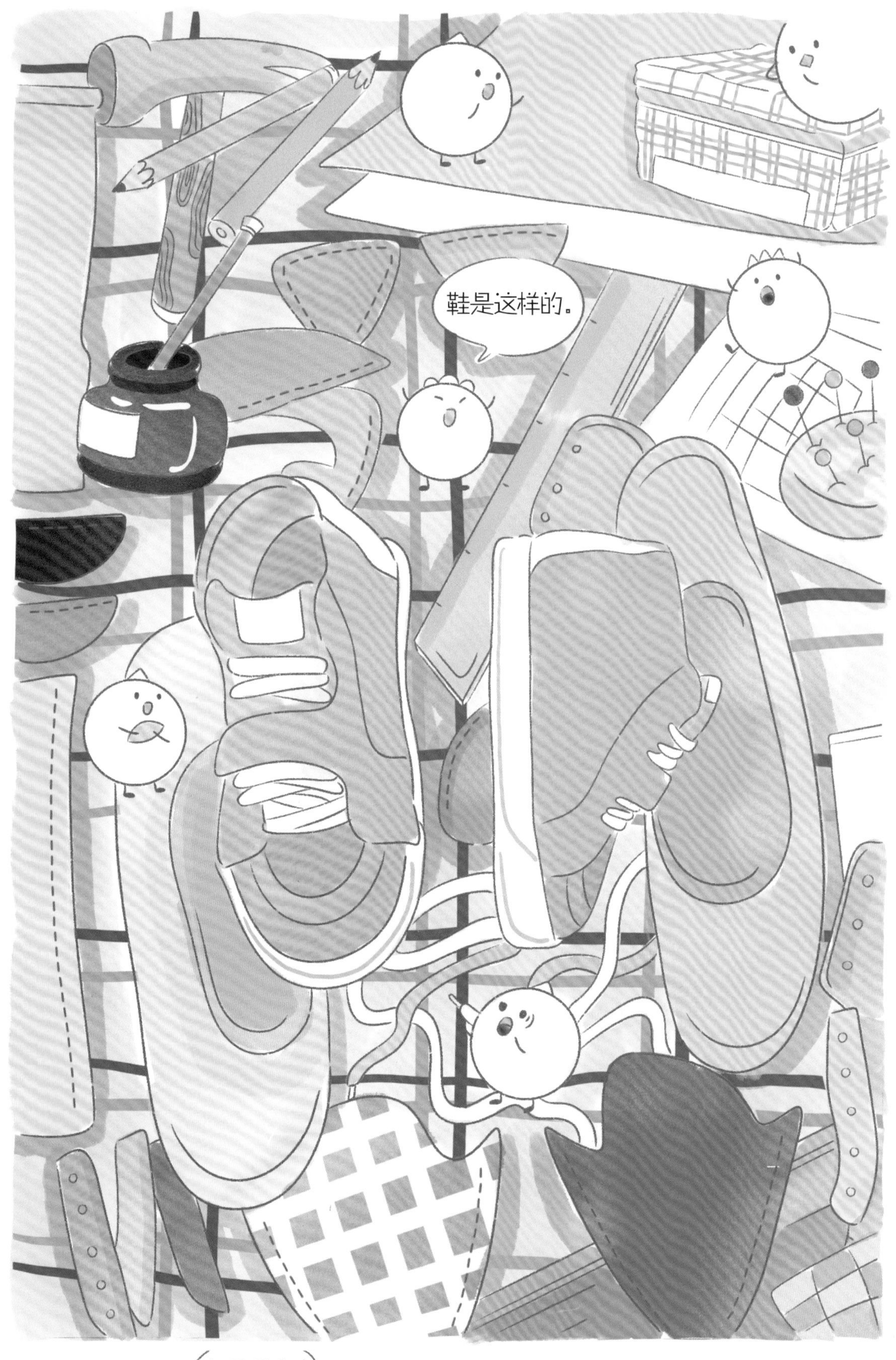
鞋是这样的。

去看看生产
橡胶的原料。

走!

快!

橡胶树长大需要
不停地喝水。

小树长至6~8岁时，
可以割取汁液。

太不容易了！

这是天然乳胶。
嘿咻，
嘿咻！

走了！

去看看橡胶的
生产过程。

去杂质。

干干净净！

很轻的。

凝固，干燥。

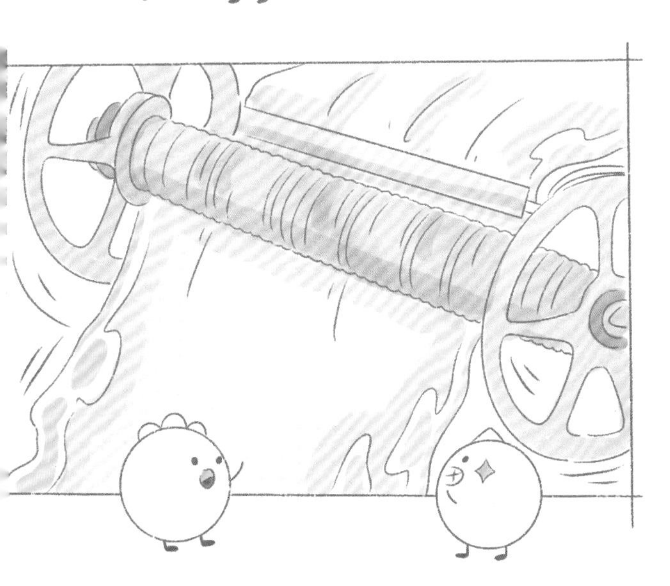

晒干。

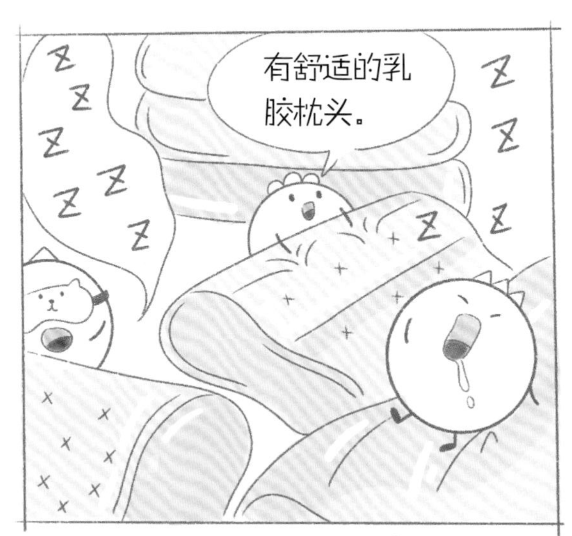

再来看
看鞋带。

棉花。
线。
棉花丰收了。
大丰收!

棉花种子在慢
慢地长大。
棉花苗。
出苗期。
苗期。

蕾期。
棉花要喝掉好多水，才能长大。
开花啦！
结出棉花了！
再来看看把棉花加工成鞋带的过程。

除杂、成卷

条卷

轰隆!

轰隆隆!

看看皮革从哪儿来?

猪舍。
咩？
羊舍。
清洗羊舍
要用水。
弄干净！

养牛场

咩！
家畜养殖离
不开水。
哞！
动物皮革来自
牛、羊、猪等。
咕咚，咕咚！
喝水啦。
长大啰。
可作动物饲料。

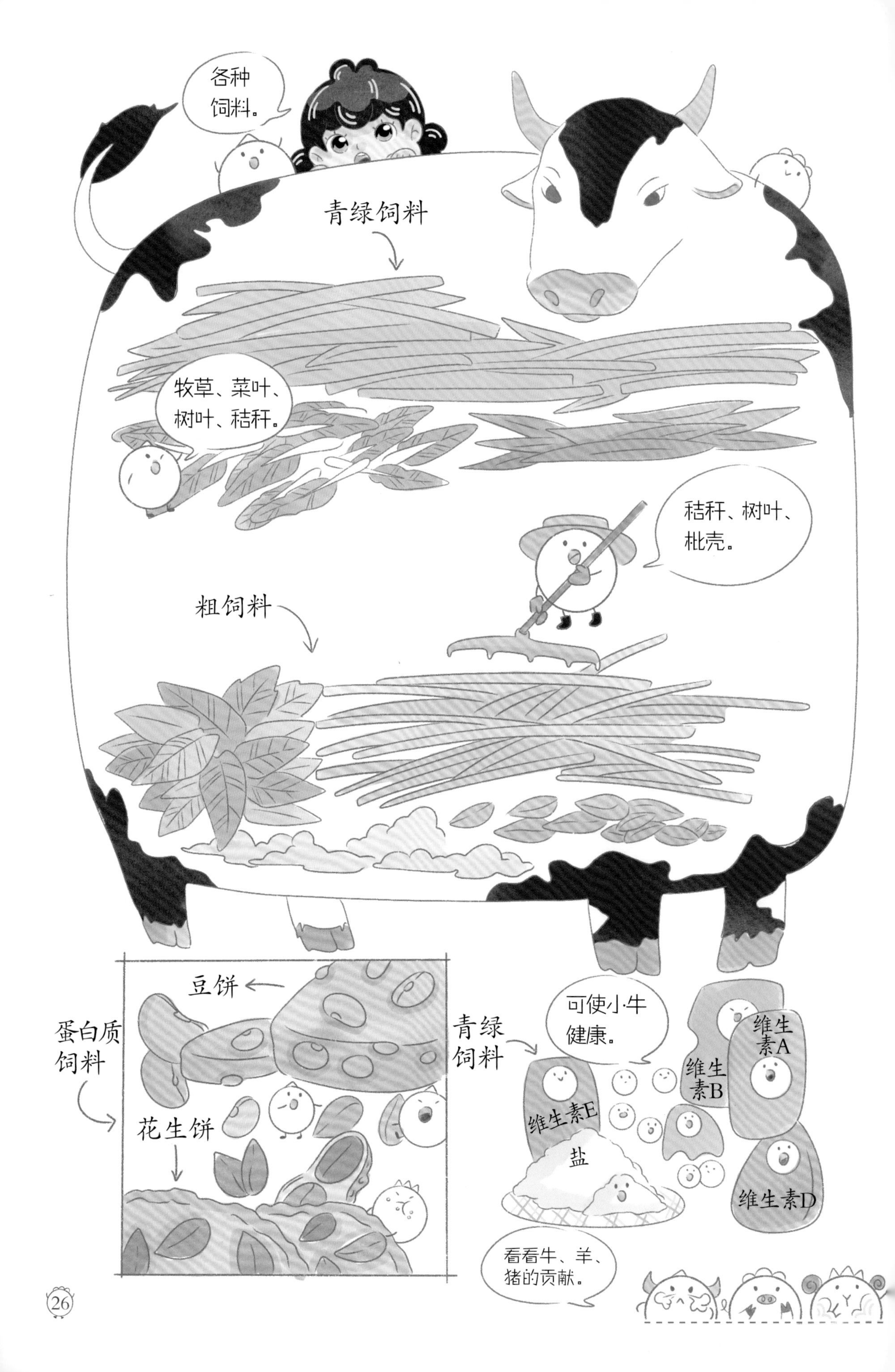
各种
饲料。
青绿饲料
牧草、菜叶、
树叶、秸秆。
秸秆、树叶、
秕壳。
粗饲料
豆饼
蛋白质
饲料
花生饼
青绿
饲料
可使小牛
健康。
维生
素A
维生
素B
维生素E
盐
维生素D
看看牛、羊、
猪的贡献。

好多美食。
快看，皮革！

哞！咩！

小牛、小羊、小猪长大，

要吃饲料、洗澡和喝水。

牛、羊、猪肉、毛衣、皮革等，

还有牛奶，

原来都是牛、羊、猪为我们提供的生活用品。

它们的生产全都少不了水的参与，

有时隐藏得很深，

生产过程中包含很多很多看不见的水。

真是不可思议！

让我们去皮革工厂看看，

那里是生产皮革的地方，

我们可以了解水在其中的作用。

走入皮革工厂。

开始制作。
使皮革原料充分地吸收水。

削肉
去掉毛发和脂肪。
鞣制
削层
分开。
染色
变颜色了。
变色。
好品质的皮革就是来自这里。
刺!

这一块。
成鞋！

哞！

哇！
新鞋子做好了！

回到球场。

凌空一脚!
!!!

呜呼!
加油!
走!
来啦!

¡冲啊！

西西！
西西！
宝贝！
西西！
妈妈！我来啦！
妈妈，我口渴了。
西西！球踢得真棒！累不累？
耶耶！
Z Z Z Z Z

我们去买水喝吧。

请给我一瓶可乐。
谢谢！

快来我们的世界看看。
我们来啦！
啊呀！
可乐中除了水，其他原料的生产也少不了我们。

但是，还有更多看不见的水。

爱喝可乐!
身体肥胖!

甜滋滋。

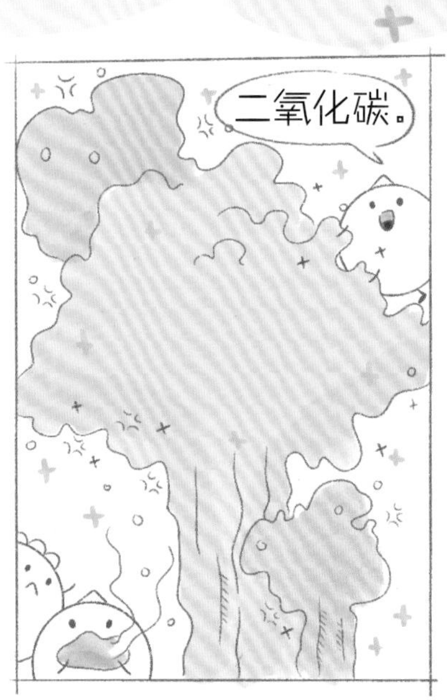
二氧化碳。

咖啡因和糖浆。

糖块。
糖块中藏着看不见的水。

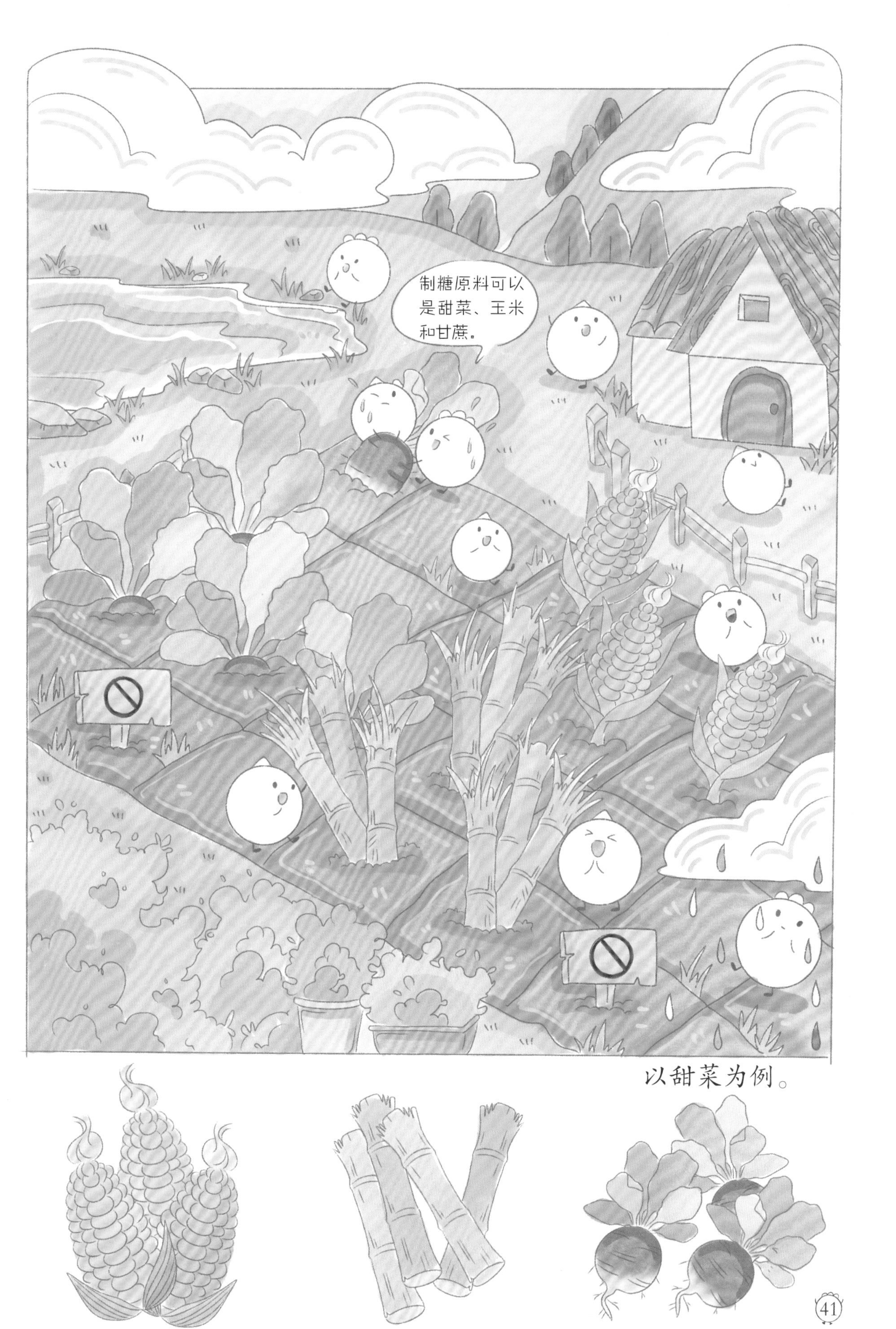
制糖原料可以是甜菜、玉米和甘蔗。
以甜菜为例。

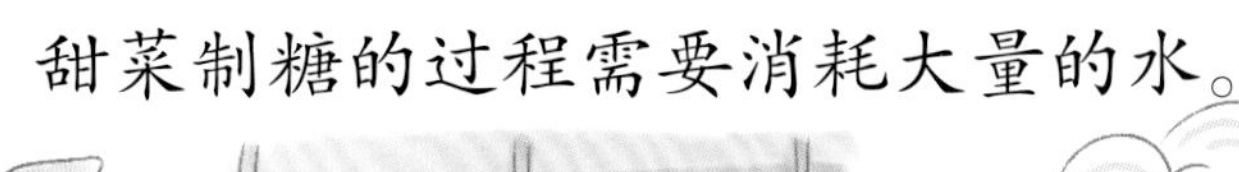

甜菜的生长过程需要消耗大量的水。

生产添加剂的植物，生长需要水。

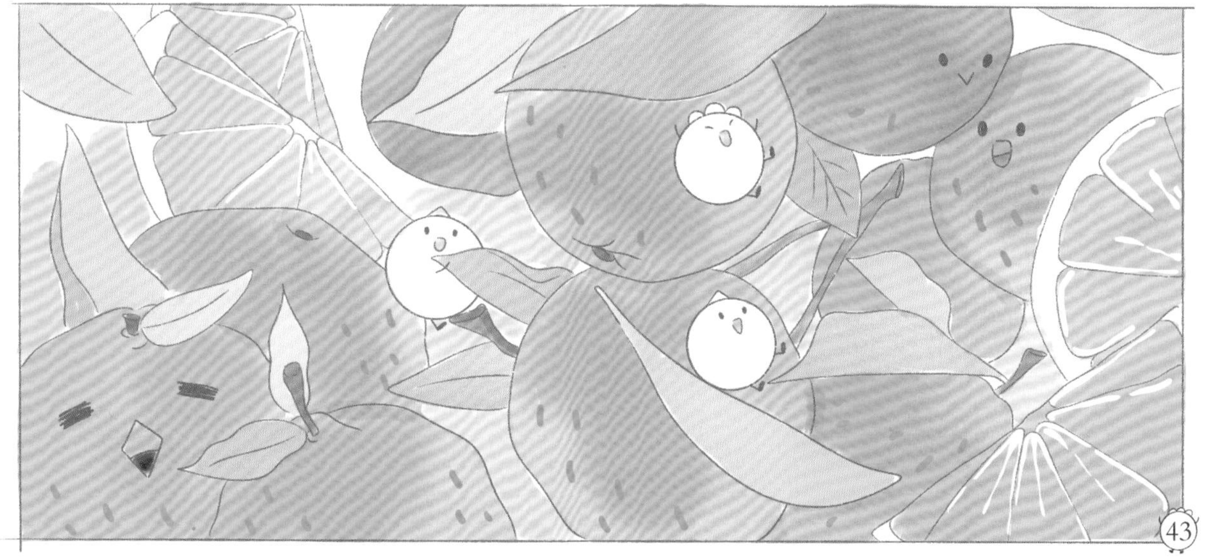

爱喝可乐呀！

甜滋滋的味道。

可乐里除了水，

甜甜的味道来自糖浆。

糖也有不同的来源，

甜菜、玉米和甘蔗里，

都能提取出糖浆。

再混入柠檬油、橙油和咖啡因……

组成可乐的基本成分。

灌入带有包装贴的塑料瓶中，

所有这些物质里面包含的小水滴呀，

数也数不清……

柠檬油。
咖啡因。
磷酸。
橙油。
香草豆。
糖浆中添加了这些物质。

好喝。

可乐工厂。
成了!
可乐含有多种原料，其中就有糖。

换成矿泉水吧。
来瓶可乐！
咕嘟！
咕嘟！
咕嘟！
咕嘟！
再来一瓶！
嗝！
嗝！
嗝！
嗝！
嗝！
嗝！
哦！

今天我学会了：少喝
甜的碳酸饮料，多喝
水，健康又节水！